DISCOURS

POUR LA

CONSÉCRATION

DE L'ÉGLISE MÉTROPOLITAINE

DE

NOTRE-DAME DE PARIS

DISCOURS

POUR LA

CONSÉCRATION

DE L'ÉGLISE MÉTROPOLITAINE

DE

NOTRE-DAME DE PARIS

PRONONCÉ LE 31 MAI 1864

PAR

l'abbé Ch. DEPLACE

Chanoine, archiprêtre de Notre-Dame, théologal de l'Église de Paris

———

Se vend au profit de l'Œuvre de la décoration de Notre-Dame.

———

J.-B. PÉLAGAUD, IMPRIMEUR-LIBRAIRE

DE N. S. P. LE PAPE

PARIS
5, RUE DE TOURNON, 5.

LYON
48, RUE MERCIÈRE, 48.

———

1864

DISCOURS

POUR LA

CONSÉCRATION

DE L'ÉGLISE MÉTROPOLITAINE

DE

NOTRE-DAME DE PARIS

Elegi.... locum istum ut sit nomen meum ibi in sempiternum.
J'ai choisi ce lieu, afin que mon nom y soit à jamais.

II Paralipomènes, vii, 16.

MESSEIGNEURS (*),

L'Église catholique n'a pas besoin que Dieu lui donne, comme autrefois à Salomon, l'assurance qu'il agrée son temple et qu'il y a mis son nom à jamais. C'est elle-même qui fait l'élection de ses sanctuaires et il lui suffit pour cela de mettre Jésus-Christ sur son autel par la parole de ses prêtres. Le lieu où Jésus-Christ vit et habite ne peut être qu'un lieu élu, et en y reproduisant sa vie, l'Église impose à Dieu la bienheureuse nécessité d'y fixer éternellement ses yeux et son cœur : *Et permaneant oculi mei et cor meum ibi cuncti diebus* (1). Tous nos temples sont égaux par ce point; c'est leur titre à la vénération humaine et leur grandeur sans rivale parmi les monuments d'ici bas : car c'est par là qu'ils sont divins.

Cependant, à un autre point de vue, il est pour les temples ca-

---

(*) Mgr l'archevêque de Paris, Mgr l'archevêque de Babylone et NN. SS. l'évêque de Meaux, l'ancien évêque de Pamiers, les évêques de Blois, d'Adras, de la Réunion, de Troyes, de Parium.

(1) Paralipom. *ibid.*

tholiques certains priviléges d'origine, de souvenirs, de dignité qui les distinguent les uns des autres et qui, sans rien amoindrir de ce qu'il y a de divin en tous, en élève quelques-uns entre tous par la prééminence incontestée de la célébrité et de la gloire. Je ne serai contredit d'aucun de vous, mes frères, si j'affirme que Notre-Dame est au premier rang de ces temples privilégiés. Quelle basilique plus illustre? Bossuet en attestait la gloire dans cette chaire même, et dans un discours immortel il l'appelait un *temple si célèbre* (1). En même temps quelle basilique plus populaire? Paris ne nomme avec plus d'orgueil ni avec plus d'amour aucun de ses monuments. Nos provinces les plus lointaines la connaissent par sa renommée. L'étranger lui-même a ouï parler de Notre-Dame et unit dans une idée commune de grandeur et la capitale de notre pays et son antique cathédrale. Depuis que la basilique de Marie est sortie des entrailles du vieux Paris, la religion publique s'est attachée à elle pour ne s'en plus séparer, et cet attachement est devenu une tradition nationale. Nos pères nous ont légué cette religion et nous qu avons laissé périr tant et de si belles parts de la succession des siècles, nous sommes demeurés inviolablement fidèles à celle-ci. Ce temple a pu perdre de ses richesses et de ses splendeurs, il n'a rien perdu de sa popularité; c'est le monument adoptif du pays, et pour charmer l'imagination et émouvoir le cœur de la France, il suffit de prononcer le nom de Notre-Dame de Paris.

La solennité qui nous rassemble vous apprend, mes frères, que quelque chose a manqué jusqu'à ce jour aux gloires de Notre-Dame. Il y a sept cents ans qu'elle est debout et elle attendait encore sa consécration. N'accusons pas nos pères, ils savaient qu'un monument comme celui-ci ne peut se passer du temps: car c'est l'infirmité de l'homme jusque dans sa puissance qu'il lui faille, compter avec les siècles pour rester vainqueur des siècles dans un édifice immortel. Mais leur piété impatiente ne voulut rien laisser au temps

(1) Bossuet, Oraison funèbre du prince de Condé.

de ce qu'elle pouvait lui ôter, et elle se hâta de prendre possession de l'enceinte inachevée au nom du Christ et de la Vierge sa mère. Jésus-Christ immolé sur l'autel et vivant au tabernacle, fut la divine consécration de son temple et la foi publique oublia peu à peu que la basilique, toute sacrée qu'elle était par la présence d'un Dieu, avait encore une bénédiction à demander à ses évêques. Aujourd'hui que Notre-Dame renaît dans une restauration qui restera l'une des grandes œuvres de l'art chrétien, l'illustre pontife qui continue parmi nous la succession de saint Denys n'a pas voulu que notre piété eût quelque chose à regretter pour la basilique qui garde son siége, et il a mis le dernier sceau à ses grandeurs par cette consécra-tion religieuse qu'elle réclamait depuis tant de siècles. Voilà, mes frères, toute la solennité de ce jour, et cette fête comme ce discours n'ont d'autre but que de glorifier la basilique de Marie.

Si l'on étudie les prières de l'Église au jour de la dédicace de ses tem-ples, on voit qu'elle ne se sépare point d'eux dans les honneurs qu'elle leur décerne. C'est qu'il y a entre l'Église et son temple une affinité nécessaire. Le temple est le tabernacle matériel de Dieu en ce monde, l'Église en est le tabernacle spirituel, et l'un et l'autre est si étroite-ment uni que leurs noms se confondent et que dans le langage de la foi tous deux s'appellent également l'Église. De là deux aspects et comme deux sens du temple catholique; parce qu'il est en lui-même, c'est une réalité; par ce qu'il figure, il est un symbole. Nous consi-dérerons Notre-Dame de Paris à ce double point de vue, et ce sera le partage de ce discours.

Vierge, mille fois bénie, dont le nom est inséparable de ce sanc-tuaire dans la mémoire des hommes, je vais célébrer votre gloire en célébrant le temple qui vous appartient depuis tant de siècles. Mettez, ô Vierge, mettez sur mes lèvres des paroles qui ne soient pas trop indignes de votre basilique et de son auguste patronne. Je vous le demande en vous offrant la prière des pontifes, des prêtres et des fidèles, qui vous disent avec l'ange : Ave Maria !

PREMIÈRE PARTIE.

Tous les peuples éprouvent le besoin de traduire dans un symbole sensible et, autant qu'il dépend d'eux, impérissable, les sentiments élevés de leur âme et les grands faits de leur existence ; c'est pour cela que tous les peuples ont des monuments : et comme il n'y a rien de plus élevé dans leur âme et dans leur vie que leur foi à la Divinité, c'est pour cela encore qu'au premier rang de leurs monuments ils mettent toujours le temple. Le temple est donc l'honneur des sociétés humaines. C'est le signe de la vie supérieure qui est en elles et de l'hospitalité divine qui les visite. C'est le témoignage que les peuples se donnent au soleil qu'ils ont une âme et qu'ils ne sont pas *sans Dieu dans ce monde* (1).

Il ne se pouvait, mes frères, que l'Église catholique, qui a le plus divin des sanctuaires puisqu'elle possède Jésus-Christ vivant sur son autel, ne se montrât point jalouse d'élever le temple à la hauteur de sa destinée et comme de sa mission. Aussi que n'a-t-elle point fait pour grandir tout ensemble le temple par la religion des peuples et la religion des peuples par le temple ? Elle était encore proscrite ; ses ennemis lui disputaient la terre, l'air, le soleil, et déjà elle trouvait des splendeurs pour ces catacombes où la persécution la condamnait à cacher sa prière. Constantin lui donne la liberté et bientôt la liberté lui gagne l'empire, elle use de tous deux pour faire sortir du sol des basiliques sans nombre qui étonnent le monde de leur magnificence. Les barbares arrivent ; le vieux monde disparaît sous leur invasion comme les rives de l'Océan sous la marée qui monte. Les temples chrétiens sont emportés par le flot comme tous les monuments des cités. l'Église va, la croix à la main, à la rencontre des envahisseurs, ses ennemis d'aujourd'hui, ses enfants de demain. Au nom du Christ, elle fait

(1) Ephes. II, 12.

tomber les barbares à ses pieds, puis après les avoir marqués du sceau de son baptême et sacré en eux les sociétés de l'avenir, elle les relève et s'en sert comme de ses ministres pour réparer les ruines qu'ils ont faites et bâtir sur leur poussière des basiliques nouvelles, chefs-d'œuvre de l'art inspiré par la foi.

C'est l'éternelle gloire des jeunes sociétés que l'Église éleva de la barbarie à la civilisation d'avoir donné à Jésus-Christ et à son Évangile l'empire le plus complet qu'ils aient exercé dans le monde. Elles inscrivirent sur les signes de la richesse publique : *Christus regnat, vincit, imperat* (1), et leur obéissance réalisait cette devise triomphale du Christ. Sa foi vivait dans toutes les âmes ; son esprit animait de son soufle toutes les institutions ; son Évangile réglait les lois comme les consciences ; toutes les souverainetés tenaient à honneur de s'incliner devant la sienne ; l'Homme-Dieu était la première majesté de la terre comme il sera éternellement celle des cieux. Il était naturel que sa demeure au milieu de nous, que son temple portât le caractère de la foi qui lui donnait un tel empire. Nos vieilles cathédrales, Notre-Dame en particulier, ne surgirent de notre sol que pour attester cette domination du Christ sur la race française. Cette race qui a mis l'enthousiasme de sa foi jusque dans sa législation et qui a inscrit en tête de la première de ses lois *qu'elle est aimée du Christ, Vivat qui Francos diligit Christus* (2), ne pouvait laisser au monde un moindre témoignage de son génie agrandi et fécondé par l'Évangile. Étudiez nos pères au siècle où Notre-Dame apparaît comme la plus haute manifestation de l'esprit chrétien parmi nous. Ils sont dans toute l'énergie de leur vigoureuse constitution, assez loin de la barbarie pour être capables des grandes créations de l'art, assez près encore pour n'avoir rien perdu de l'originalité de leur génie natif. Sous la mâle discipline du christianisme, ils ont déjà cette puissance de la raison qui, quelques années

(1) Le Christ règne, il est vainqueur, il commande.
(2) Vive le Christ qui aime les Francs ! (Préamb. de la loi salique).

plus tard, élèvera par les mains d'un moine de génie, saint Thomas, le monument prodigieux de l'intelligence au service de la foi ; en même temps ils gardent toute la puissance de l'imagination chez les races neuves. L'Église, leur institutrice et leur mère, n'a touché que pour la régler à cette exubérance de vie que les peuples comme les individus, trouvent dans une forte adolescence : elle leur a laissé l'indépendance de leur nature libre et en plein essor, comme la végétation des forêts d'où ils sortirent, avec cette spontanéité de l'inspiration qui fait les chefs-d'œuvre de la pensée et de l'art, et ce quelque chose de profondément personnel qui distingue es races dont le caractère propre ne s'est point altéré au contact du génie étranger. Toutes les forces de l'âme et toutes les forces de la foi sont en mouvement dans cette jeune et ardente société, et la sève nationale et la sève chrétienne fermentant ensemble, elle se trouve mûre pour une de ces œuvres qui immortalisent un siècle et un peuple. Elle eut cette fortune de rencontrer dans son sein des artistes inspirés, vivant assez de sa vie pour se pénétrer de tous ses instincts d'adoration et de prière, et à la fois assez puissants par l'intelligence pour traduire ces mêmes instincts dans la majesté et la magnificence d'un monument où l'art'it vivre l'âme de toute une nation, où tout un siècle se retrouvât avec ses rêves du ciel, de l'infini et de Dieu. Notre-Dame est le témoignage illustre de cette inspiration qui a réalisé en elle l'idéal du temple chrétien. De même que dans les vers des grands poëtes, Homère et Dante, nous aimons la langue des impressions les plus intimes et les plus élevées de notre être, de même dans ce grand poëme que l'architecte a fait sortir de la pierre et qui se nomme Notre-Dame de Paris, nous aimons l'expression sensible de nos croyances, l'image vive et saisissante de cet infini, l'éternelle aspiration de l'âme humaine. En mettant le pied dans cette enceinte, il semble à l'homme qu'il entre comme dans l'atmosphère du surnaturel, que l'air sous ces voûtes est celui non de la terre, mais du monde supérieur, que la lumière est le jour affaibli du ciel même, que Dieu y est si présent, si près de l'âme qu'elle le sent jusque dans le nuage qui le couvre, en sorte que la prière échappe comme spontanément du cœur et que l'on adore comme l'on respire, par le mouvement instinctif de la vie. Gloire donc, gloire immortelle à ceux qui bâtirent cette basilique avec leur foi bien plus qu'avec leur génie ; oui, gloire à eux d'avoir su mettre en elle tant d'affinités avec les plus divines aspirations de l'être humain, que par tout ce qu'elle dit à l'intelligence, à l'imagination, au cœur, Notre-Dame est l'expression la plus vraie, la plus complète, la plus émouvante de la religion humaine et reste, à travers les âges, le monument par excellence de l'âme en commerce avec la Divinité !

Cette puissance de saisir l'homme par ce qu'il y a de plus élevé en lui n'est pas cependant le caractère distinctif de Notre-Dame ; elle lui est commune avec d'autres basiliques fameuses. Est-ce qu'il n'y a pas quelque chose qui lui est propre, qui lui donne sa physionomie et lui fait une place à part entre les temples les plus illustres en lui assurant au-dessus de tous, la vénération populaire? Oui sans doute, et en interrogeant son histoire, je trouve que trois choses concourent par leur réunion, à cette popularité qui semble grandir pour elle avec les siècles : l'âge, le nom, le sol.

L'âge, a sa signification dans un monument. Si le peuple qui l'éleva a disparu, le monument lui continue la vie dans la mémoire humaine ; si le peuple vit, le monument est le témoin de son passé et en reliant les générations entre elles, il se lie lui-même à l'existence nationale. Mais si le temps importe à tout monument, combien plus au temple? Au point de vue religieux, il en reçoit la conformité, l'harmonie avec la religion dont l'une des grandeurs est l'antiquité. Au point de vue humain, il emprunte des ans cette majesté qui s'attache à tout ce qui a beaucoup vécu. La vraie parure des basiliques, c'est le temps. Trop près de leur berceau, elles semblent trop tenir de l'homme qui les éleva, de la terre d'où elles sortent. Comme tous ceux qui sont nouveaux dans la vie, elles n'ont rien à raconter aux générations. Vieillies par les siècles, elles en deviennent vénérables soit parce qu'elle s'agrandissent pour nous de la grandeur des générations passées, soit parce que dans leur durée elles reflètent quelque chose de l'éternité du ciel dont elles sont l'image. Nous révérons tout à la fois en elles ce qui nous précède et ce qui nous survivra en ce monde, ce qui nous parle des aïeux et ce qui parlera de nous à la postérité.

Notre-Dame, mes frères, a cet honneur de l'âge au-dessus de tous les monuments dont s'enorgueillit la Cité. Elle l'a si bien, que dans cette restauration qui nous la rend en toute sa beauté le plus difficile travail de l'art a été de réparer sur ses murs l'outrage des siècles sans lui en ôter la majesté. Il y a plus : Notre-Dame n'a pas eu besoin que le temps qui a noirci ses murs lui apportât la consécration de l'âge ; elle l'a eu du premier coup et l'on peut dire qu'elle a trouvé des siècles dans son berceau ; car elle n'est venue au grand jour de la capitale que comme l'héritière d'une autre basilique dont elle recueillait la succession en la remplaçant. Ses fondements couvrent les débris d'un temple plus ancien qui s'appelait du même nom, qui montrait la même chaire du premier pasteur. Par ces ruines, dont elle n'est que la renaissance illustre, elle remonte aux origines de la foi et aux premiers sanctuaires du Christ sur notre sol, comme par sa chaire elle remonte à notre premier apôtre et à notre premier évêque, saint Denis. Les fils de Clovis ont prié dans ce temple, l'ancêtre de celui-ci. Les Francs, nos rudes aïeux, y ont courbé sous les bénédictions du grand saint Germain leurs fronts qui gardaient encore les traces du baptême de saint Remy, et leur vénération avait mis assez de splendeurs dans son enceinte pour que la magnificence du temple répondît à la grandeur de l'idée qui avait créé le temple. Le célèbre évêque de Poitiers (1), Fortunat, contemporain de saint Germain, en a chanté la gloire et dans ses vers il l'a comparée à celle du temple de Salomon. N'oublions pas, mes frères, cette première cathédrale de Paris qui ne vit plus que dans la basilique qui lui a succédé et qui nous ras-

(1) L'auteur de l'hymne : Vexilla regis prodeunt.

semble ; donnons-lui un hommage comme des fils à la mémoire
d'une aïeule vénérée. Cette Notre-Dame de Childebert et de saint
Germain, dont la poussière est sous nos pieds, a un grand souvenir
dans l'histoire; et à mille ans de distance nos contemporains ont vu
ce souvenir revivre dans la Notre-Dame de nos jours.

Au huitième siècle de notre ère, apparaît un de ces hommes prodigieux qui ne sont ni d'un siècle ni d'un peuple, mais qui appartiennent à l'humanité ; un fils de barbares, mais ne retenant de la
barbarie que les forces vives de l'âme humaine dans la jeunesse des
peuples ; conquérant, législateur, fondateur d'empire, et l'initiateur de son époque par le génie qui pressent et prépare l'avenir ;
tellement grand par les lumières, le courage, le caractère, toutes
les supériorités de l'âme que, selon l'énergique expression de Joseph
de Maistre, la *grandeur même est entrée dans son nom ;* en un mot
Charlemagne. Un jour, ce grand homme fut amené dans la Notre-
Dame d'alors (1) par un père héroïque dont la gloire annonçait la
sienne, mais dont le nom demeure amoindri devant celui de son fils
comme le nom de Philippe de Macédoine devant celui d'Alexandre.
Un Pape, l'auguste client de la France, Étienne II, attendait au pied
de l'autel de la première Notre-Dame, Pépin le Bref et son fils. Celui
qui fut plus tard Charlemagne se mit à genoux devant le Christ présent en son vicaire et reçut des mains qui bénissent le monde le sacre
de sa royauté future. Ainsi se rencontrèrent dans une autre enceinte,
mais sur le sol qui nous porte, les deux grandes figures de l'histoire,
la Souveraineté française et la Papauté. Mille ans passèrent ; Paris
revit le même spectacle dans la Notre-Dame d'aujourd'hui. Entre
deux mondes, l'un écroulé dans une révolution et l'autre éclos de la
poussière des ruines, un homme se leva qui venait ajouter le qua-

(1) Étienne II, menacé par Astolfe, roi des Lombards, fut secouru par
Pépin le Bref. Le Pape reconnaissant vint en France, et, en l'année 754,
sacra Pépin et son fils Charles. Après la mort de son père en 768, Charles
fut couronné roi de France à Noyon, et en 800, couronné empereur d'Occi-
dent à Rome par le Pape Léon III.

trième nom à la liste où l'histoire n'a inscrit encore qu'Alexandre, César et Charlemagne. Conquérant, législateur, initiateur lui aussi et restaurateur tout ensemble, il releva des décombres du passé ces traditions contre lesquelles les révolutions ne peuvent rien, parce quelles ont leur racine au cœur même des sociétés ; avec l'autorité de son génie et la toute-puissance de sa volonté, il les plia aux idées, aux intérêts, aux aspirations des générations nouvelles et inaugura l'avénement du dix-neuvième siècle dans des institutions prodigieuses comme ses victoires. Le Vicaire du Christ et la Souveraineté française se rencontrèrent de nouveau sur ce même sol, mais cette fois dans l'enceinte où nous sommes. Napoléon inclina sa gloire devant Pie VII, et le pontife sacra dans le héros le génie, la victoire et l'empire. Ainsi à dix siècles d'intervalle, la France dans ses deux plus célèbres représentants se trouva face à face avec le successeur du pêcheur de Galilée. Le souverain des âmes toucha de son doigt le front des deux empereurs et laissa sur eux, avec son empreinte, la majesté de celui par *qui règnent les rois*. Rencontre heureuse d'où est née, il y a mille ans, et par qui s'est renouvelée dans notre âge cette intimité de la Papauté et de la France, l'honneur de notre pays, et à l'heure où je parle, après Dieu, l'espoir de l'Église et du monde. Rencontre mémorable pour Notre-Dame, qui reste pour elle une date fameuse et qui lie son existence tant de fois séculaire aux plus grands souvenirs de la France et de l'histoire.

Le second titre de Notre-Dame à la vénération populaire, c'est son nom. Un grand nom, mes frères, est toujours pour qui le porte une sorte de prédestination. Porté par un homme, il le prépare par un monument, il le désigne à la célébrité. La cathédrale de Paris en est la preuve : dès sa naissance, elle a eu sa gloire dans son nom, car c'est le plus grand que les lèvres humaines prononcent après celui du Sauveur du monde. Notre-Dame l'a reçu de la basilique à laquelle elle a succédé et qui le lui a transmis avec la chaire du premier pasteur. C'est la tradition de notre église que les successeurs de saint Denys ont placé leur siége sous l'invocation de la Mère de Dieu comme pour annoncer par le nom seul du premier temple de la capitale ce touchant commerce de confiance et de piété filiale d'une part, de prédilection et de protection maternelle de l'autre qu lie la France à Marie et Marie à la France. Il est certain que dès ces temps reculés de notre histoire, Paris invoquait la Mère de Dieu, patronne de sa cathédrale, dans toutes les nécessités publiques. Rappelez-vous, mes frères, les épreuves de nos pères sous les faibles successeurs de Charlemagne. Vers la fin du neuvième siècle, les Normands dévastaient les campagnes et menaçaient les murs de Paris. Gozlin, son évêque (1), s'adresse à Marie. Tout le peuple est dans la basilique, l'évêque dans sa chaire, les barbares autour de la cité. L'évêque en larmes disait au nom du peuple (ce sont ses paroles que le moine Abbon (2) nous a transmises) : *O Mère du Rédempteur, prêtez l'oreille à l'humilité de ma prière ! S'il vous plait que je célèbre encore le sacrifice très-saint, faites que le barbare qui met à mort ses captifs soit lui-même pris dans les filets de la mort.* Les barbares éloignés, l'évêque faisait succéder l'action de grâces à la prière. *Salut ! s'écriait-il, ô glorieuse Marie, notre mère et la maîtresse du monde ! C'est vous qui avez daigné arracher Lutèce aux glaives des hommes du nord. Certes vous pouviez bien sauver Lutèce vous qui avez enfanté celui qui sauve le monde... Veillez toujours sur le peuple qui vous honore... O Mère de Dieu, bénie de tous par la puissance de Jésus !* Quand, au douzième siècle, la basilique de Maurice de Sully s'éleva dans cette majesté qui nous ravit, elle reçut cette tradition de la piété publique envers Marie et elle l'a gardée jusqu'à nos jours. Que de générations nous séparent de l'évêque Gozlin ! Son successeur d'aujourd'hui sur le siége de Saint-Denis n'a ni d'autres sentiments dans le cœur ni un autre langage sur les lèvres. L'évêque

(1) Quarante-neuvième évêque de Paris, mort en 886.
(2) Moine de l'abbaye de Saint-Germain-des-Prés, auteur d'un poème en trois livres sur le siége de Paris par les Normands.

de 1864 nous parle de Marie comme faisait l'évêque de 885, et nous ses fils dans la foi, comme nos aïeux du neuvième siècle, nous répondons à sa parole par une prière qui offre à Marie les mêmes vœux et une confiance qui en attend les mêmes bénédictions.

C'est à ce grand nom qu'elle porte dès son origine que Notre-Dame a dû d'entrer toujours comme une nécessité dans la religion publique. Les sanctuaires célèbres ne manquaient point à la capitale : à ses portes, la basilique de son apôtre saint Denis, avec son sépulcre consacré par les miracles ; non loin de son fleuve, la basilique de Saint-Vincent, le Saint-Germain-des-Prés de nos jours, l'œuvre du fils de Clovis, Childebert Ier ; sur la montagne qui commande le fleuve, la basilique qui fut plus tard Sainte-Geneviève, qui était d'abord Saint-Pierre et Saint-Paul, et que Clovis lui-même bâtit à la prière de sainte Clotilde. Notre-Dame dominait tous ces temples non-seulement par la dignité du siége épiscopal, mais par l'action même de son nom sur la foi des peuples. Il eût semblé à nos pères que quelque chose manquait à leurs solennités religieuses si Notre-Dame n'y avait eu sa part. C'est aux autels de Notre-Dame qu'un siècle à peine écoulé depuis sa fondation, son évêque Renoul d'Homblières (1), célébrait la fête du plus glorieux privilége de Marie (2), alors l'hommage libre de la piété, aujourd'hui l'hommage nécessaire de la foi. C'est dans la chaire de Notre-Dame que plus tard une volonté royale, secondée par l'autorité ecclésiastique, inaugurait cette pratique touchante de l'Angelus qui est née dans cette enceinte et qui de cette enceinte s'est étendue à l'Europe et au monde (3). Aux jours des supplications publiques, les proces-

(1) Quatre-vingt-neuvième évêque de Paris, mort en 1288.

(2) L'Immaculée Conception.

(3) Le 1er mai 1472, fut promulguée dans la chaire de Notre-Dame, une ordonnance du roi Louis XI, qui *instituait la pieuse pratique de réciter 3 fois l'Ave Maria au coup de midi sonné par la grosse cloche de la cathédrale.* Ce même jour, l'Église de Paris perdait son évêque, Guillaume Chartier.

sions du clergé et des fidèles ne sortaient d'aucun temple sans avoir leur station à Notre-Dame. La foi populaire amenait sous ces voûtes comme pour y emprunter une nouvelle puissance, les châsses vénérées de nos saints ; de sainte Geneviève, la bergère patronne de la grande cité ; des grands évêques, ses pasteurs pendant leur vie, ses intercesseurs après leur mort, saint Marcel, saint Germain, saint Landry. Toutes les conditions se faisaient gloire d'être ses tributaires et de lui apporter leur hommage. Les souverains, une charte de saint Louis nous l'atteste, lui envoyaient leurs aumônes, comme à l'intermédiaire naturelle entre la charité royale et les pauvres. L'élite de la société française s'enrôlait dans ses confréries et les plus grands entre nos rois y inscrivaient leurs noms, de Philippe-Auguste à saint Louis, de saint Louis à Louis XIV. Les plus nobles familles demandaient à ses caveaux l'hospitalité pour leurs cendres et croyaient honorer leur mémoire en faisant graver leurs noms sur les dalles funèbres de ses nefs. Les corporations ouvrières se disputaient le privilége d'orner ses murs de leurs offrandes et d'attacher leur souvenir à la magnificence de ses autels. Les années, en vieillissant la basilique, ajoutaient à ces touchants témoignages de la dévotion nationale. Aussi, lorsqu'il y a deux siècles, le fils et le petit-fils de Henri le Grand vouèrent, devant ces autels, leur personne et leur peuple à la mère de Dieu, ils ne firent que consacrer les sentiments les plus chers du pays. Ce vœu célèbre, décrété par l'un, accompli par l'autre avec la grandeur qui distingue les œuvres de Louis XIV, n'est que l'hommage de la France dans ses rois aux traditions religieuses de son passé ; et toutes ces magnificences du sanctuaire qui ont survécu aux révolutions, ces statues des deux monarques aux pieds de la Vierge des douleurs, ces sculptures célèbres où l'art a retracé ses mystères et sa vie, restent après deux cents ans les témoins de l'attachement de Paris pour la basilique et son auguste patronne. L'abîme q nos malheurs ont creusé entre le passé et le présent de la France

n'a englouti de Notre-Dame que les richesses matérielles accumu-
lées par les âges. La société, remise de ses secousses, a repris les
habitudes de la foi antique. Elle a retrouvé le chemin des autels
de Marie, et renoué les liens qui depuis tant de siècles unissent
Paris et sa glorieuse cathédrale. Elle est ici au rendez-vous de
toutes nos solennités, soit que Notre-Dame célèbre les fêtes de la
religion, soit qu'elle bénisse à ses autels les joies et les gloires de
la patrie. Murs sacrés qui avez vieilli avec la France et où tout parle
de la piété des aïeux, ne perdez jamais votre empire religieux sur
les âmes! Enceinte bénie, où nos pères ont pleuré, prié, espéré aux
pieds de la Mère de Dieu, conservez-nous toujours les souvenirs
de la foi qui honora, consola, sanctifia leur passage à travers ce
monde! Basilique auguste qui avez vu passer tant de générations
et qui n'en avez trouvé aucune indifférente, soyez toujours le sanctuaire privilégié du pays. Que toujours le nom de Marie vous attire
les foules! que toujours la protection de Marie attache la célébrité
et la puissance à vos autels! Notre-Dame, restez toujours l'honneur
de Paris, l'amour de la France, le charme des âmes, le monument
de notre religion envers la Reine des cieux et le témoin de notre
foi pour notre plus lointaine postérité!

Le dernier titre de Notre-Dame à la vénération populaire, c'est la
grandeur même du sol qui la porte. Non, mes frères, il n'est pas indif-
férent qu'un monument s'élève sur une terre illustre ou sur une
terre oubliée de la gloire. Est-ce que vous croyez, par exemple, que
le Parthénon ne doive rien à Athènes ni le Panthéon à Rome, et
que l'honneur d'être né et de vivre l'un sur le sol natal de Thémis-
tocle, de Périclès et de Platon, l'autre sur le sol natal des Scipions, et
des Césars, n'ait rien ajouté à la grandeur du monument qui ensuite
a ajouté à la grandeur du sol? Quelle terre plus glorieuse que celle
qui porte la basilique où je parle? Loin de moi la pensée d'absor-
ber la France entière dans sa capitale; avouons cependant que si
la nation se personnifie dans la souveraineté qui la représente, le sol
du pays tout entier a aussi sa représentation dans la cité qui en est

la tête, parce qu'elle est le siége de la souveraineté elle-même. C'est la grandeur des capitales : elles ne sont puissantes et illustres que de la puissance et de l'illustration du pays, qui résume en elles sa vie et qui ne saurait les méconnaître sans se renier avec elles. Ne cherchez pas ailleurs le secret de cette fascination dominatrice qu'exerce le seul nom de Paris. Sa grandeur n'a tant d'éclat que parce qu'elle n'est que le faisceau de toutes les grandeurs du génie, de la science, de l'art, des victoires, de la puissance qui forment la couronne de la France.

Et voilà le privilége de Notre-Dame; c'est de s'élever sur ce sol prédestiné des grandeurs humaines. Premier temple de la première des cités françaises, plus que tous les autres, elle entre en part des gloires de Paris. Par la capitale, elle a une illustration et une célébrité qui s'étend au delà du sol où elle est assise, et quoiqu'au point de vue hiérarchique elle ne soit que la première basilique d'une église particulière et tout illustre qu'elle est, que la sœur d'autres basiliques, filles comme elle de l'Église catholique, cependant, à un autre point de vue elle possède une véritable universalité par l'éclat de la renommée et la majesté des souvenirs. Notre-Dame est donc non-seulement le monument religieux de Paris, mais le monument français.

En effet, à quels souvenirs son nom n'est-il pas attaché? Dans sa première existence, elle est contemporaine de deux races de rois, Dans la seconde, elle naît sous les auspices du vainqueur de Bouvines, le héros couronné que la postérité a proclamé Auguste. Ses voûtes s'achevaient à peine; deux fois l'élite de nos chevaliers, la croix sur la poitrine, suivait saint Louis dans cette enceinte pour recommander au Christ et à la Vierge sa mère le drapeau de la France engagé dans sa cause; Saint-Louis, un grand homme et un grand chrétien sur le trône, à qui le dix-huitième siècle lui-même n'a su reprocher que les croisades et que notre siècle doit non absoudre, mais glorifier : car ce n'est pas la moindre gloire de ce roi de génie d'avoir, à sept siècles de distance, pressenti et tenté de résoudre à l'honneur de Dieu et de la France, la question qui agite notre époque et qui sera l'épreuve, et peut-être sanglante, de l'avenir, la question d'Orient. Notre-Dame le bénit, humble fidèle sous la pourpre, lorsque sans diadème et pieds nus il lui portait la couronne du Christ, une relique divine que le monde nous envie en l'adorant. Notre-Dame le bénit, soldat du Christ lorsqu'il partit pour les guerres saintes, martyr du Christ, lorsqu'il en revint porté par ses fils aux caveaux de Saint-Denis. Notre-Dame le bénit encore bienheureux et intercesseur de son peuple, lorsque le siège apostolique le mit sur les autels. Sept siècles entiers, la basilique est mêlée à tous les événements mémorables des existences royales. A ces autels, se bénit l'union des héritiers du trône; dans ces nefs, se célèbre le baptême de leurs fils. Ici les reines que l'étranger nous donne viennent inaugurer tantôt leur adoption de françaises, tantôt leur avénement de souveraines. Un jour Saint-Denis couronnait ces filles d'empereurs et de rois; le lendemain Notre-Dame recevait leur action de grâces. Si je rappelais leurs noms, toutes les dynasties européennes salueraient les plus nobles héritières de leur sang. A leur tour les monarques sacrés à Reims venaient offrir à Dieu les premices des royautés nouvelles. La foi populaire avait placé pour eux entre Reims et le trône comme une station d'hommages religieux à Notre-Dame. Notre-Dame qui les voyait aux pompes de leur couronnement les revoyait encore dans celles de leurs funérailles. Elle ouvrait ses portes à leur cercueil, et c'est de son enceinte qu'après les suprêmes adieux des peuples, ils allaient continuer à Saint-Denis les funèbres dynasties de la tombe et de la mort.

Quel est le deuil du pays auquel cette basilique soit restée étrangère? Quand la victoire nous trahit à Poitiers et à Pavie, quand la malignité de la fortune ne laissa au roi Jean et à François Ier que ce que la France ne cède jamais, l'honneur, c'est à Notre-Dame que la bourgeoisie parisienne porta ses *ex voto* pour le souverain dans les fers; c'est à Notre-Dame que les souverains, rendus au pays, portaient à leur tour l'action de grâces de leur liberté! Que

d'autres épreuves Notre-Dame a partagées avec la France ! Avec
jours les plus néfastes de notre histoire, aux jours de Charles VI,
elle a vu l'étranger maître de Paris, l'inviter à remercier le ciel de
nos désastres. Elle a vu un roi anglais, le descendant du Prince-
Noir, célébrer sous ses voûtes la fête indigne de nos malheurs, et
offrir en holocauste au Dieu de Clovis et de Charlemagne, l'indépendance du sol français. Dieu n'écouta point la prière de l'étranger ; je me trompe, il l'écouta, et sa réponse fut Jeanne d'Arc.
Moins heureuse que ses sœurs d'Orléans et de Reims, Notre-
Dame n'a pas vu la vierge libératrice et martyre de la France,
mais elle a vu ses compagnons intrépides, Dunois et le connétable
de Richemont ; elle a vu le roi sauvé par elle et qui ne sut pas la
sauver, Charles VII, célébrer à leur tour la fête vraiment nationale,
la fête de la victoire ramenée à notre drapeau, de Paris reconquis et
libre, de la France se retrouvant maîtresse d'elle-même, dans une
royauté de son choix et de son sang, la fête d'un peuple prédestiné
qui remercie Dieu de sa résurrection et qui lui demande l'immortalité
de son avenir. Viendront pour la patrie des jours plus mauvais encore ;
Notre-Dame portera dans son enceinte vide, dans sa chaire muette,
dans ses autels profanés le deuil de la France déchirée par ses fils, et
afin que rien ne manque à l'union de leurs destinées, la même main,
conduite d'en haut rendra l'ordre au pays et ses solennités à la basilique.

Parlerai-je maintenant de nos victoires ? Notre-Dame les a toutes
consacrées à ses autels. Je ne sais mes frères, s'il y a rien de plus
émouvant dans la vie religieuse des peuples que les solennités qui
les amènent dans le temple, pour renvoyer au ciel la première
gloire de leurs soldats héroïques et de leurs capitaines victorieux.
En mêlant Dieu à leurs triomphes, ils l'intéressent à leur existence,
et c'est le rendre solidaire de leur avenir, que de le mettre ainsi de
moitié dans leurs destinées. Dès son origine, Notre-Dame a été
l'interprète ou plutôt la voix de la France rapportant à Dieu l'inspiration de son courage, de ses capitaines et de ses succès. Toutes
nos grandes batailles ont retenti sous ces voûtes, non plus par la

voix du canon qui ensanglante la mêlée, mais par la voix de l'hymne triomphal qui élève l'âme de la nation reconnaissante au trône du Dieu des armées. Philippe le Bel, entrant dans cette nef à cheval et dans l'armure du combat, ouvre la liste des souverains qui sont venus remercier la mère de Dieu de la protection qui leur donna le salut dans la victoire. Le jour ne verrait pas finir ce discours si je rappelais seulement règne par règne les souvenirs de ses successeurs. Résumons au moins toutes nos gloires dans deux époques immortelles, dont l'une appartient à la France de nos pères et l'autre à la France de notre siècle.

Entre deux grands règnes dont il a continué l'un et préparé l'autre, Richelieu vient de disparaître dans la tombe. Un long cri de victoire ébranle les voûtes de Notre-Dame et salue deux avénements mémorables, celui de Condé à la gloire, et celui de Louis XIV à l'empire ; Louis XIV, à qui l'histoire a donné jusque dans ses sévérités cet hommage qu'il eut le double signe des rois vraiment rois ; il sut deviner le génie et il osa s'en servir. Rocroy inaugure ici tous les noms fameux qui vont s'imposer au monde. Pendant plus d'un demi-siècle, la victoire ne cesse d'inscrire des dates immortelles dans les fastes du pays et dans les fastes de la basilique. Le pays compte ses années par les prodiges de ses armées, Notre-Dame par ses solennités triomphales. Le bourdon de ses tours sonne toutes ces fêtes de la valeur, du génie, de la fortune de la France. Les colonnes de ses nefs se parent des drapeaux de l'Europe entière, trophées du sang et de l'héroïsme de nos soldats. Ses murs entendent acclamer tous les champs de bataille, Fribourg, Nordlingen, Steinkerque, Turkeim, Fleurus, Nerwinde. L'écho de ses voûtes redit le nom de tous les capitaines, Catinat, Berwick, Vendôme, Luxembourg, le *Tapissier de Notre-Dame*. comme l'appelait le prince de Conti, et les plus grands de tous, Vauban, Turenne et Condé. Notre-Dame a des *Te Deum* pour toutes les victoires, des bénédictions pour tous les vainqueurs. L'élite du pays, pressée dans son enceinte, lui répond par le cri de

l'orgueil national qui salue la France dans ses héros et par le cri de
la foi qui remercie le ciel de nos grandeurs. Est-ce que vous ne
sentez pas votre âme s'émouvoir, mes frères, au seul souvenir de
ces solennités où la France rassemblait ses grands hommes au pied
des autels pour assister à la consécration de sa gloire? Est-ce
qu'il ne vous semble pas que ces générations dont nous sommes la
postérité sont toutes vivantes devant vous : qu'elles animent ces
murs de leur enthousiasme patriotique, que vous les voyez devant
l'autel, avec leurs grands ministres, leurs grands magistrats, leurs
grands orateurs, leurs grands poëtes; que vous entendez le Grand
Siècle applaudir à ses capitaines et leur rendre grâces d'avoir élevé
si haut notre nom que le monde ne peut plus se passer de nous, et
que toute noble cause se croit sûre du triomphe si elle a avec soi,
au ciel, Dieu; sur la terre, la France. Mais que dis-je! notre admi-
ration est impuissante à rendre la vie à ce qui n'est plus. Où sont-ils
à cette heure, où sont-ils ces gagneurs de batailles qui ont rempli
cette enceinte du bruit de leur gloire et qui y ont entraîné les plus
nobles représentants du pays pour lui rendre hommage? Je re-
garde, je cherche, je ne trouve pas même leur ombre héroïque
sous ces voûtes. Les échos du temple, éveillés par la voix des orateurs, ne répètent un instant leur noms que pour les rendre l'instant
d'après au silence. Et voilà les immortels de ce monde! O vanité, ô
néant de la gloire! tout passe, tout fuit, tout s'efface! une seule
grandeur demeure, celle du Maître éternel dont la figure s'élève
avec les ruines, et qui domine la poussière des siècles de son immuable majesté.

Notre siècle, mes frères, n'est pas resté au-dessous d'un tel
passé, il n'en a reçu l'héritage que pour l'agrandir. La France ancienne avait eu son siècle héroïque à son déclin ; la France nouvelle
a eu le sien à sa naissance. Comme d'une terre profondément remuée
sort une végétation vigoureuse, du sol Français violemment boule-
versé par les révolutions, s'élança une génération prodigieuse qui
étonna la victoire. Toutes les classes de la nation renouvelée dans

ses épreuves donnèrent une séve de courage, de génie militaire, d'audace indomptable qui ne connut qu'un obstacle, l'imposssible; qui ne céda que devant un vainqueur, la nature. Nos champs de bataille s'élargirent. Nos aigles, comme celles de Rome, promenèrent leur vol d'empires en empires. L'Italie, l'Egypte, le Midi, le Nord donnèrent des noms à nos capitaines, des dates nouvelles à nos triomphes. Le génie d'un conquérant groupa tous ces noms autour du sien en les dominant et se couronna de toutes ces gloires qui vinrent se condenser dans la sienne comme autant de rayons dans un foyer immortel. Notre-Dame vit ses portes se rouvrir aux fêtes nationales et la religion bénir de nouveau l'épée de la France à ses autels. La vieille basilique ne célèbre plus, comme autrefois, des villes emportées d'assaut, des armées en fuite, des provinces conquises. Chacun de ses *Te Deum* fête plus qu'une victoire; car chaque victoire, c'est un trône qui croule, une nationalité qui succombe, l'ébranlement du monde et *la terre en silence* devant un homme comme jadis devant Alexandre (1). Rappelez-vous les grandes batailles du dix-neuvième siècle a son berceau : Notre-Dame connait tous leurs noms, Austerlitz, Iéna, Friedland, Ulm, Ratisbonne, Wagram. Les vétérans qui ont survécu à nos guerres rencontrent ici les souvenirs vivants des triomphes que leur courage a donnés au pays. Les jeunes générations peuvent y lire l'histoire des hauts faits des héros qui furent leurs pères. Si ces murs portaient la date des *Te Deum* qui les ont émus, la nation y retrouverait dans tout son éclat la glorieuse épopée qui inaugura notre siècle, comme nos fils y retrouveront à leur tour, dans leur mémoire immortelle, les triomphes récents qui, après ceux de l'Afrique, à Sébastopol, à Magenta, à Solférino, ont arrêté pour le drapeau de la France la prescription de la victoire.

Certes je ne me trompais pas, lorsque j'affirmais tout à l'heure que Notre-Dame était le monument français par excellence. D'au-

---

(1) Siluit terra in conspectu ejus, t. I. Machab, i, 3,

tres basiliques ont quelques souvenirs mémorables de la vie du pays; Notre-Dame les possède et les rappelle tous. Ce temple est contemporain de tous les grands événements de notre existence de peuple. Il y a été mêlé tantôt par les fêtes, tantôt par les deuils, toujours par la prière offerte à Dieu pour la patrie. Ces voûtes ont entendu toutes les supplications, ces murs ont vu toutes les larmes, ces autels ont été les confidents de toutes les craintes, de toutes les douleurs, de toutes les espérances, de toutes les actions de grâces que le patrotisme a confiées au Dieu qui tient les destinées des peuples en ses mains. Le pays s'est fait dans cette enceinte, et sous l'œil de Dieu, une sorte d'histoire surnaturelle de sa propre vie où chaque fait s'est traduit en actes de foi, où chaque date s'est gravée en larmes ou en joies religieuses, ou toutes les générations ont mis avec leurs sentiments chrétiens tout ce que le dévouement peut offrir au ciel de désirs, de vœux, d'amour, de passion filiale pour un grand pays, quand ce pays a l'honneur de se nommer la France. Voilà ce qui fait de Notre-Dame un monument tout vivant de la vie de la nation, et dès lors le monument national. Le pays s'y retrouve si pleinement avec toutes les traditions de son existence; son histoire se fait lire avec tant d'éclat, siècle par siècle, presque année par année, sur ces murs; sa vitalité s'affirme avec tant de puissance dans tous les âges écrits sur ces pierres, que tant que le nom de la France aura le privilége de charmer le monde, on ne séparera plus de sa célébrité et de sa gloire, le grand, le saint, le cher nom de Notre-Dame de Paris.

Par la même raison, Notre-Dame parle au cœur catholique comme elle parle au cœur français. Je l'avoue, je ne contemple jamais ce sanctuaire sans songer à tant de générations de chrétiens qui nous précédèrent dans cette grande cité, sans me dire que les plus grands d'entre eux par la foi, par la vertu, par la sainteté ont prié, adoré, rêvé du ciel et de Dieu devant ces autels. L'instinct religieux est le même dans tous les hommes et à tous les âges. Est-ce que nous passons devant Notre-Dame, sans sentir en nous quelque chose qui nous presse d'entrer? Est-ce que nous pouvons entrer sans laisser s'échapper à ses autels les plus divins sentiments de nos âmes ? Soyons-en sûrs, nos devanciers ont senti comme nous l'action mystérieuse de la basilique de Marie et ils y ont cédé comme nous. Je ne croirai jamais que dans ces siècles du règne universel et incontesté de l'Evangile sur la société française aucun homme ait été ou le fils ou l'hôte de Paris sans avoir eu une visite pour Notre-Dame. Notre cœur nous en est le garant ; toutes les célébrités de la foi et de la sainteté comme celles du génie, du pouvoir et de la victoire sont venues ici : je vous les nommerai tout à l'heure. Ah ! les visites de la sainteté ne sont pas comme celles de la gloire : elles laissent après elles des traces qui subsistent. Ces grands chrétiens, ont laissé ici avec leurs prières, avec leurs effusions de foi, d'espérance, d'amour, quelque chose d'eux-même. Comme dans les grandes forêts, de chaque chêne, de chaque végétation sortent je ne sais quelles émanations de vie où se retrempe la vigueur des corps: de même dans cette basilique, il reste de la visite des saints qui ont adoré à ses autels je ne sais quelles émanations de grâces, où se rajeunit et se renouvelle la séve supérieure de l'âme. Il semble que, tant de siècles écoulés, ce temple est encore imprégné de cette vie surnaturelle qu'ils épanchaient autour d'eux, et que nous y respirons l'air de leur foi et de leurs vertus. C'est là le charme religieux des basiliques célèbres et, entre toutes, de Notre-Dame. C'est ce qui la rend chère et vénérable à tous les âges; c'est ce qui lui crée cette attraction souveraine qui nous amène et qui nous retient de préférence dans son enceinte; c'est ce qui en fait pour le chrétien un sanctuaire de famille où il trouve, avec le Père et le Maître, les plus grands de ceux qui furent ses disciples et nos frères. C'est ce qui met le dernier sceau de la grandeur religieuse sur ce monument, en sorte, que tant que la foi gardera son empire sur les âmes, l'on ne séparera pas plus des gloires de l'Église Catholique, que de celles de la France, la gloire de Notre-Dame de Paris.

Nous avons considéré Notre-Dame en elle-même; il nous reste à la considérer comme symbole. Ce sera la seconde partie.

DEUXIEME PARTIE.

Dieu permet aux hommes de lui élever des temples où il daigne habiter. Mais en même temps, il s'en élève un à lui-même au milieu de ce monde et où il n'est pas moins présent, quoique d'une autre façon. Quel est ce temple nouveau? c'est l'Église Catholique. La gloire de nos basiliques, la gloire de Notre-Dame, entre toutes, c'est d'en être la figure et le symbole au milieu de nous.

Mais ici, une pensée se présente à mon esprit et arrête mon discours. Je vais parler de l'Eglise catholique; ne dirai-je rien, de ce qui en est une si belle et si sainte portion, l'Église de Paris? L'Église universelle, ressemble à cette basilique. Dans son ensemble, Notre-Dame nous offre un tout harmonique, d'où naît la plénitude de sa beauté; mais dans cet ensemble, chaque partie [a une grâce qui lui est propre, en sorte qu'elle est belle tout à la fois et par ce qu'elle est en soi-même, et par le rapport qu'elle a avec le tout. Ainsi de l'Église Catholique : dans son ensemble, elle a un ordre divin et au-dessus duquel il n'y a que l'ordre du ciel lui-même. Mais cette Église une, et belle par dessus tout par son unité, a sous elle des Églises particulières, qui sont ses parties, lesquelles ont aussi leur grâces propres, quoique leur vraie et immortelle beauté consiste dans leur dépendance étroite du tout. Paraissez donc, sainte Église de Paris, et montrez-vous un instant à vos fils en tout votre éclat, en attendant que nous célébrions l'Église universelle, dont votre gloire n'est qu'un rayon mais un rayon d'autant plus beau qu'il n'a jamais été détaché de son centre! Nous ne saurions vous oublier au jour où nous exaltons dans Notre-Dame le temple dont vous êtes la première

splendeur. Il est bien juste que vous ayez part à ce discours, puis-
que c'est par vous que nous avons été faits, et que c'est par vous
que nous restons les enfants de l'unité catholique à laquelle vous
nous avez engendrés.

Qu'elle est belle, chrétiens, cette Église de Paris et que n'aurions-
nous pas à vous dire si les limites d'un discours le permettaient ?
Nous avouons sans regret que d'autres Églises dans notre patrie font
remonter plus haut leur naissance à la foi et à [Jésus-Christ, et
touchent de plus près par leur premier évêque ou aux apôtres, au
Sauveur lui-même, comme le pape Innocent Ier l'affirme des Gau-
les du Midi. Mais, tout en honorant le don de Dieu dans les Églises
ses sœurs ; qu'il soit permis à l'Église de Paris de ne pas le méconnaître, brillât-t-il avec un peu moins d'éclat, en elle-même.
Qu'elle est donc belle cette Église de Paris, fondée par l'apostolat
de saint Denys et fécondée par le sang de son martyre ! C'est un
saint Pape qui envoya ce grand homme à nos pères, avec ses
deux compagnons que nous ne saurions oublier non plus que lui,
et l'Église de Paris éternellement reconnaissante de cette mission
d'où elle est née en bénit encore le Pape Fabien et se croit obligée
à une union plus étroite avec les vicaires de Jésus-Christ, puisque
c'est par eux que leur est venue la foi qu'elle garde si religieusement
depuis quinze siècles. Les évêques successeurs de saint Denys, ont di-
gnement porté son héritage, et de son Église sont nées à leur tour
des Églises nouvelles, témoignages vivants de la fécondité de son
martyre. La plus belle gloire des saints, c'est de former leurs
semblables, des saints après eux et des saints comme eux. Notre
premier apôtre a eu au plus haut degré cette gloire. Son Église,
l'Église de Paris montre des saints dès son origine et jusque dans
les âges les plus rapprochés de nous. Sur le siége de ses pasteurs, elle
nomme sept évêques, dont trois sont demeurés célèbres entre tous
par les dévouements de la charité, saint Marcel, saint Germain,
saint Landry. Dans le sénat de ses évêques, elle a saint Guillaume
et le B. Pierre de Luxembourg, l'honneur des deux grandes Églises,

Bourges et Metz ; sur le trône, l'incomparable saint Louis et ses pieuses reines, les Clotilde, les Balthide, les Radegonde et les Jeanne de Valois. Ses écoles, nées à l'ombre de Notre-Dame, ses écoles ont été honorées par les plus grands noms de la sainteté comme de la science, de saint Thomas d'Aquin et de saint Bonaventure, à saint François-Xavier, le Paul de l'Inde conquise à l'Évangile, et plus tard au bienheureux évêque de Genève, saint François-de-Sales. Dans le sacerdoce, que de prêtres incomparables depuis le prêtre Rustique, compagnon de saint Denis dans l'apostolat et le martyre jusqu'au grand homme dont le nom est devenu celui de la charité, saint Vincent de Paul ! Dans ses monastères, que de pieux solitaires et de saints abbés et de vierges célèbres par l'austérité comme par l'innocence de la vie ! Dans tous les rangs de la société, que de femmes immortelles par leurs vertus, depuis Geneviève, la patronne de Paris jusqu'à la bienheureuse Marie de l'Incarnation et madame de Chantal ! Les grandeurs humaines s'associent à ces grandeurs sans rivales de la sainteté. Sur le siége des vicaires de Jésus-Christ, les premiers des souverains, puisqu'ils sont les souverains des âmes, je vois cinq Papes sortis du chapitre de cette basilique et dans les rangs de ses chanoines je compte trois fils de France, les enfants de nos rois ; et, pour ne citer que quelques noms entre tant d'autres, ces trois illustres représentants de la science, de l'art et de la piété chrétienne ? Gerson qui a mérité que son siècle lui attribuât le plus beau livre après l'Évangile, l'*Imitation de Jésus-Christ*, Pierre Lescot qui a écrit sa gloire ; sur toutes les pierres de notre Louvre, et ce saint abbé à qui Bossuet a donné cet éloge que sa doctrine, sa vie furent l'ornement, du grand siècle (1), le fondateur de la Trappe, M. de Rancé. Ses écoles de théologie étaient si célèbres qu'on y accourait de toutes les parties de l'Europe, et qu'un grand Pape, Pie II félicitait l'évêque de Paris de *cette université la plus illustre entre toutes*, écrivait-

---

(1) *Or. funèbre de la princesse Palatine.*

il, *en sorte que le florissant royaume de France à tous les avanta-* *ges de la nature et de la fortune joint encore ceux de la doctrine et de* *la pure religion.* Pendant plusieurs siècles, les plus grands maîtres de la science sacrée furent ses docteurs et ses maîtres, les Pierre Lombard, les Albert le Grand, les Alexandre de Ales, et ces hom-mes qu'on ne se peut lasser de rappeler, les Thomas d'Aquin, les Bonaventure et les Gerson. Le jour ne suffirait pas à nommer ses élèves, magistrats et juges des peuples, chefs des grands ordres ou des monastères fameux, conseillers des rois et hommes d'état, pasteurs des Églises les plus célèbres, plusieurs même, pasteurs de l'Église mère et maîtresse de toutes les Églises. Les princes de la parole ont illustré ses chaires, et pour ne parler que de la basilique où nous sommes, Notre-Dame a entendu toutes les grandes voix de l'éloquence chrétienne, depuis Bourdaloue et Bos-suet jusqu'aux orateurs qui ont ému et ravi la génération présente, et dont je ne dis pas le nom, parce qu'il est sur toutes les lèvres. En-fin tous les souverains du pays ont été ses enfants et ils ont prouvé par leur piété envers elle qu'ils n'oubliaient point que c'est par elle qu'ils ont été engendrés à cette Église Catholique dont ils s'honorent d'être les fils aînés. Je m'arrête, mes frères, il ne sied point aux fils de trop louer leur mère de peur de paraître se donner la gloire à eux-mêmes en la glorifiant. Vos souvenirs feront le reste et votre piété reconnaissante achèvera cet éloge.

Notre-Dame se lie si nécessairement à toutes ces gloires de l'Église de Paris, qu'on les rappelle toutes en la nommant, puis-que, gardienne de la chaire de saint Denis, elle est la basilique du premier pasteur, et par lui la basilique mère de son Église tout entière. A un autre point de vue, elle se lie à la gloire même de l'Église Catholique, parce que de quelque côté qu'on la considère, on retrouve en elle l'image éclatante des grands caractères de cette même Église dont elle est le monument symbolique au milieu de nous. Quel est en effet celui qui a le sens chrétien et qui ne re-connaît pas dans l'immensité du monument l'universalité; dans sa durée, la perpétuité ; dans sa chaire toujours appuyée sur la chaire des successeurs de Pierre, l'unité de l'Église catholique ?

Et d'abord, par son immensité, Notre-Dame est le symbole de l'universalité de l'Église. Sans doute la foi qui a élevé la basilique a voulu avant tout la faire à l'image de celui qui l'habite. Elle y a réussi. Quel autre que le Dieu immense pourrait habiter dans cette immensité ? les majestés de ce monde se perdraient dans l'étendue d'un tel palais. Les proportions du monument écraseraient la petitesse du mortel qui choisirait ces espaces pour sa halte de quelques heures entre le néant dont nous sortîmes hier, et la tombe où nous disparaîtrons demain. Mais la foi ne sépare point de Dieu, son Église : elle a chargé nos grandes basiliques de rappeler tout ensemble l'infinité de l'un et l'universalité de l'autre. On s'étonne de leur immensité. Dans les cités populeuses, elle s'explique par les besoins des fidèles : il fallait que le temple fût en harmonie avec les foules qui venaient prier dans le temple. Mais cette immensité se trouve partout. Dans les plus humbles bourgs, dans des solitudes presque inaccessibles, au milieu des forêts profondes auxquelles de pauvres moines demandaient d'abriter leur travail et leur prière, nos pères élevaient des temples que les multitudes eussent pu seules animer de leur voix et remplir de leur concours. Ah ! c'est que la foi ne se préoccupe pas seulement des nécessités de l'homme, mais encore des grandeurs de la religion. Nos pères savaient que l'Église est figurée par le temple, et ils ne faisaient le temple si grand que pour faire de sa grandeur même le témoignage entendu de tous, de la catholicité de l'Église. De là, ces nefs qui s'étendent et semblent fuir ; de là, ces profondeurs du sanctuaire pleines d'obscurité et de silence ; de là, ces longs entrelacements des voûtes et ces perspectives de piliers innombrables soutenant des ogives sans fin. Nos pères voulaient que dans le temple catholique tout concourût à reculer les limites, et que le sens qui mesure l'espace, l'œil ne rencontrant que de lointains horizons remplît la pensée des images de l'infini. Contemplez

Notre-Dame ; n'est-ce pas l'impression que sa seule vue porte à toutes les âmes ? Devant les espaces enfermés dans cette enceinte, on sent que l'Église pour qui fut bâtie cette immensité, est l'Épouse à qui les nations sont promises, et qui comme l'Époux, a pour enfants tous les peuples, pour empire le globe entier. Sans doute les Églises séparées peuvent montrer quelques basiliques semblables, qu'elles ont usurpées sur nos pères ou qu'elles ont reçues et qu'elles gardent d'un passé qu'elles renient. Mais ce n'est pas à leur gloire, c'est à leur honte ; car elles lisent dans cette étendue même l'anathème porté contre l'étrangère : *stérile et qui n'enfante pas. Sterilis, quæ non paris* (1). Si elles n'ouvraient ces temples qu'à ceux qui ont une même foi et un même Christ avec elles, elles n'y trouveraient que le vide et une solitude accusatrice.

C'est à vous, ô Église Catholique, c'est à vous que de telles enceintes appartiennent ; car vous seule pouvez les remplir de vos fils, tous disciples du même Évangile dans l'unité d'une même foi, tous adorateurs du même Christ dans l'obéissance aux mêmes pasteurs. Ouvrez, ouvrez vos portes et appelez sans crainte les multitudes. Les fils de vos entrailles suffiront bien à peupler vos temples, eux qui suffisent à peupler le monde. Et nous, chrétiens, accourons à la voix de notre mère, aux jours de ses fêtes et de ses solennités. Le grand, le beau spectacle qu'offre alors la basilique ! Votre concours en harmonie avec l'étendue du lieu saint annonce lui aussi la catholicité de l'Église. A la vue de vos flots pressés dans les nefs, la foi se souvient des promesses et elle bénit Dieu de les accomplir. Elle se rappelle qu'il a été dit à la Sion nouvelle : *Dilata locum tentorii tui* (2) ;] l'enceinte pleine de peuple lui représente ses tentes dilatées, ses pavillons agrandis pour les fils qui lui sont donnés. Vos multitudes figurent les nations promises et qui viennent de tous les points du ciel à leur mère. Notre-Dame, trop

(1) Is. LIV, 1.
(2) Is. LIV, 11.

étroite pour ses fidèles, est devenue le symbole plus complet, plus vivant, plus saisissant que jamais de l'Église universelle. Mais que dis-je ? Le symbole est bien loin de la réalité. L'architecte inspiré qui créa Notre-Dame a eu beau reculer les horizons, et de voûtes en voûtes égarer l'œil dans des perspectives où il se perd, la pensée devance l'œil et d'un seul coup touche aux bornes où le monument finit. Il aurait mis plus d'air sous ces voûtes, il aurait enfermé encore plus d'espace entre ces murs, d'un seul regard la pensée atteint les limites dans lesquelles la matière rebelle a circonscrit l'art vaincu et impuissant. Ma foi s'élance au delà de cette enceinte et embrassant le monde, elle contemple l'Église dans toute la gloire de son immensité. Arrière d'ici ce qui resserre le regard, ce qui borne la vue. Plus de ces barrières infranchissables auxquelles la matière enchaîne les audaces de l'art. Plus de ces frontières que la nature oppose aux conquêtes de la force dans l'obstacle des grands fleuves ou celui des hautes montagnes ou dans l'obstacle plus redoutable encore des mers sans limites. Il n'y a point de barrières qui arrêtent, il n'y a point de frontières qui séparent les esprits. L'Église, qui est la grande société des âmes, recueille ses fils de toute tribu et sur tout sol et par leur libre dépendance dans la foi et dans l'amour, elle forme l'empire universel dont le monarque invisible est Jésus Christ le monarque visible, son vicaire, le Pontife romain. Dans chaque cité, dans chaque hameau, sur toute plage, des emples matériels le manifestent au monde, mais sans le limiter; tous ensemble le rendent sensible mais tous ensemble demeurent impuissants à le contenir. Qu'il est consolant pour vos fils de méditer vos grandeurs, ô sainte Église du Seigneur Jésus! Ah! la basilique où je parle, ne peut ni élargir ni étendre son enceinte ; le sol qui la porte ne la soutient qu'en le rendant immobile Mais vous, ô Église, vous ne connaissez pas plus les chaînes des lieux que celle du temps. Appelée à être partout comme à être toujours, du centre immobile qui est la chaire de Pierre, vous dilatez sans fin votre cir-

3

conférence. Vous n'avez pas à craindre de vous affaiblir en vous étendant, comme ces empires terrestres qui ne font que préparer leur chute dans les conquêtes où s'épuise leur force et ne remportent des victoires sur l'espace que pour se faire vaincre plus tôt par le temps. Votre force à vous, c'est le Christ ; et partout où vous êtes, le Christ est là qui vous anime de sa vie toujours également jeune et toujours également puissante. Dilatez-vous donc, ô Église ; dilatez-vous sans relâche. Que de toutes les îles, que des extrémités de tous les continents et de toutes les mers, les peuples viennent vous demander la lumière et le salut ; que tant de tribus que n'a point visitées l'Évangile, *voient enfin les pieds de vos apôtres* (1) et reçoivent la bonne nouvelle ; que tant de races vieillies dans la superstition mais neuves pour la grâce, accourent remplir les vides de ceux qui vous quittent et compenser la défection de qui vous méconnaît et vous blasphème par les multitudes qui croient et adorent ! Votre époux vous a promis ces conquêtes et ce grand Dieu qui n'a qu'un *signe à faire pour attirer tout à soi* (2) saura bien tenir sa promesse. Et toi, ô France, dont la foi créa il y a sept siècles cette basilique, reste toujours semblable à toi même. O France, qui n'as porté ton grand nom à la Chine et au Japon que pour lui associer le nom adorable de Jésus-Christ, continue toujours d'étendre avec ta gloire les conquêtes de la vérité : que toujours tes vaisseaux montrent à tous les rivages les apôtres des âmes ; que toujours les victoires de tes nobles soldats préparent et annoncent les victoires bénies de l'Évangile. Souviens-toi, ô France, souviens-toi toujours de ta mission divine parmi les peuples et que toujours leur reconnaissance confonde ta gloire avec celle de l'Église dont tu es la fille aînée et celle du Christ qui t'a choisie pour ministre de ses grandes œuvres dans le monde ! *Gesta Dei per Francos.*

En second lieu, par sa durée. Notre-Dame est le symbole de la

(1) Is. xii, 7.
(2) Joan. xii, 32.

perpétuité de l'Église. Il y aura bientôt sept cent deux ans que le Pape Alexandre III a posé et béni sur le sol de la Cité la première pierre de l'édifice. Dans cette longue existence à laquelle de grands peuples n'ont pu atteindre, Notre-Dame a vu les générations se succéder comme les flots des rives où elle est assise : elle survit à toutes. Les tempêtes ont eu beau venir de tous les points de l'horizon, elles n'ont pas même ébranlé la masse séculaire. Les siècles, il est vrai, y ont laissé leurs traces, mais ces traces mêmes attestent leur défaite. Ils ont détaché des pierres, mutilé des statues, dispersé aux vents le ciment des murailles; parmi ces outrages du temps, Notre-Dame n'en garde pas moins dans sa vieillesse toute la force et toute la puissance de sa première création. Le catholique aime en elle cette image vive de l'immortalité de l'Église. Ces pierres élevées par la main des hommes et qui résistent victorieusement aux années, nous rappellent cette pierre angulaire que Dieu a faite immuable et dont il est écrit *que nul ne s'y heurte sans s'y briser* (2). Ces fondements si solides du temple sur un sol menacé par un grand fleuve nous font penser à un autre fondement établi par une main divine, sur un sol bien plus mouvant, le sol humain, et menacé par un fleuve bien autrement redoutable, le fleuve du temps. L'impuissance du temps sur cet édifice matériel nous fait entendre combien il est plus faible encore contre l'édifice spirituel. Car enfin seule et détachée de la main des hommes qui la protége et la restaure, la basilique verrait tôt ou tard l'heure de sa chute et de la victoire définitive des âges. Dans les révolutions de l'avenir, un jour se rencontrerait infailliblement où ses arcs rompus, ses colonnes pliant sous des voûtes croulantes, ces murs se dérobant sous eux-mêmes, ramperaient dans la poussière et feraient chercher leurs débris parmi les ronces, et les broussailles, et les hautes herbes où le bouvier conduit son troupeau, comme les monuments du peuple roi dans la campagne romaine. L'Église Ca-

(2) Math. XXI, 44.

tholique ne connaît pas cette infirmité des monuments qu'elle élève ; comme les temples qui la figurent, elle n'a pas besoin que l'œil de l'homme surveille et que sa main répare en elle le travail des siècles. Sa fécondité lui suffit pour se renouveler sans fin sous l'action même du temps. Elle ne s'affaiblit pas plus à laisser les générations de ses fidèles s'en aller au souffle des ans que le chêne ne s'affaiblit à livrer ses feuilles aux souffles de l'automne ; comme lui, elle se rajeunit elle-même dans sa propre séve et remplace les générations qui passent par les recrues toujours renaissantes des générations qui arrivent. Que parlé-je des années et des siècles ? Le temps n'est pas la plus terrible des puissances d'ici-bas ! Qui sait mieux que l'Église ce qu'il faut craindre de l'homme et ce qu'il peut pour détruire ? Notre-Dame a entendu, l'âpre clameur des barbares qui ont soif du sang et des ruines. Si elle n'avait été sauvée par la puissance invisible qui lâche ou retient à son gré la bride aux Attila, qui leur dit : Va ! et ils vont aux destructions prédestinées ; arrête ! et ils font halte dans les décombres, ces gloires ne seraient à cette heure qu'un souvenir. La France compterait cette grande ruine de plus dans l'histoire de ses grandes basiliques dévastées et disparues du sol et Paris porterait le deuil de son plus vieux, de son plus divin monument. Il en est autrement du temple spirituel qui est l'Église. Celui-là, c'est le Christ qui l'a bâti et lui aussi il l'a fait à son image. Dieu immortel, il lui a plu de ne lui envier point l'immortalité. Sans doute, l'homme pourra y faire des brèches et des vides, en détacher des individus, des peuples même et des sociétés ; l'architecte divin saura tout réparer par la fécondité inépuisable de sa puissance. Pour chaque perte, il aura un accroissement, pour chaque ruine une création. Donc *louez le Seigneur, ô Jérusalem, louez votre Dieu ô Sion nouvelle* (1), non plus la cité de David, mais la cité du Christ lui-même ! Sa main a fortifié *les barrières qui défendent vos portes :* elles ne céderont ni sous l'effort du temps ni sous

(2) Ps. cxlvii, 1.

celui de l'homme. Et nous, mes frères, bénissons Dieu de nous avoir réservés à ces âges lointains. Si le siècle qui s'achève nous afflige du scandale de son indifférence et de ses doutes, il nous apporte du moins cette consolation que, venus les derniers en ce monde, nous assistons à la réalisation plus éclatante des oracles et à l'accomplissement plus complet des promesses. Siècles qui nous avez précédés, vous nous avez transmis les paroles devant lesquelles *la terre et le ciel passeront, et qui elles-mêmes ne passent pas* (1). Vous nous avez redit la parole du maître : *Portæ inferi non prævalabunt* (2); nous voyons ce que vous nous avez fait entendre; *sicut audivimus sic vidimus* (3); nous voyons le *Dieu des vertus soutenir de sa force* la cité qui est la sienne. C'est lui qui en a posé les fondements; les hommes ont beau s'armer de toute la puissance de la pensée et de toute la puissance de la force pour les ébranler; ce que Dieu fonde, cela est immuable c'est puur l'éternité ! *Deus fundavit eam, in æternum* (5).

L'éternité! quelle parole et quelle autre puissance que l'Église Catholique oserait se l'appliquer à elle-même ? Bien des fois, en contemplant Notre-Dame, dans la vigueur de sa forte vieillesse, mon esprit s'est reporté vers les monuments de l'antiquité qui ont eu, comme cette basilique, de longs siècles de splendeur et qui ne vivent aujourd'hui que] dans leurs débris. Puis des monuments en poussière, je me suis retourné vers les cités, les empires, les peuples qui ont gardé si longtemps le sceptre du monde et qui, à cette heure n'ont plus ici-bas que leur mémoire ; et alors ma pensée est retombée douloureusement sur mon pays. O France, me suis-je dit, ô terre du génie, du courage et de la gloire, dont le seul nom remue les grands sentiments de l'âme humaine, il est donc vrai que toi aussi, comme tout ce qui est humain, tu connaîtras une

(1) Math. xxiv, 35.
(2) Marc. xvi, 18.
(3) Ps. xlvii, 9.
(4) *Ibid.*

heure fatale et que le monde te verra disparaître, comme ont disparu avant toi tes sœurs et tes rivales de génie et de gloire! O Paris! si fière aujourd'hui de ta civilisation de tes arts, de tes industries, de tes monuments et de tes foules, il est donc vrai que toi aussi tu ajouteras une catastrophe fameuse de plus à celles qui emportèrent Athènes et Rome dans le passé! D'où viendra la tempête et la ruine? c'est le secret de l'avenir et de Dieu. Où seront alors ces monuments que l'étranger vient admirer de si loin, et nos arcs de triomphe où nous avons inscrit les préférences de la victoire, et nos colonnes qui portent dans les airs les images de nos soldats et de leur capitaine, et nos palais visités par toutes les grandeurs de ce monde? Tout est à terre, tout est débris et poussière. Basilique auguste de Notre-Dame, ton passé de gloire nationale et religieuse ne t'a point sauvée. Tes voûtes se sont abattues sur tes nefs et celles-ci ont jonché le sol des décombres du temple et des autels. A cette vue mon cœur se serre; je m'écrie avec le prophète : *Quomodo periisti... urbs inclyta* (1). Je pleure sur les ruines de l'avenir; comme Jérémie, je mêle mes lamentations aux catastrophes futures de mon pays; larmes bien légitimes, mais larmes impuissantes et qui ne fléchiront point la destinée. Mais de la patrie temporelle, je porte mes regards vers la patrie spirituelle. Français, je baissais la tête et je pleurais ; Catholique, je me relève et j'espère. L'Église dont je suis le fils par mon âme, a vu tout passer; elle seule demeure. La basilique où je parle n'est plus: l'Église s'est élevé des temples nouveaux où elle convoque de nouveaux fidèles à ses fêtes. Les sociétés d'aujourd'hui ont disparu ; comme des débris des forêts vieillies, nous voyons surgir d'autres forêts ; l'Église voit surgir de nos cendres d'autres sociétés qui croient par elle, qui prient avec elle, qui n'ont en elle qu'un même baptême, qu'une même foi, qu'un même Christ. Salut, ô Église, toujours ancienne et toujours nouvelle! Sur cette terre des vicissitudes, il n'y a

(1) Ezech. XXVI, 17.

qu'une puissance qui ne ne change pas, c'est vous ! Sur cette terre des ruines, il n'y a qu'une puissance qui ne tombe pas, c'est vous ! Sur cette terre de la mortalité, il n'y a qu'une puissance qui ne meurt pas, c'est vous ! Encore une fois, salut, ô toujours vivante et toujours reine ! Salut, ô immortelle et divine ! Avec quelle joie vos fils vous associent à votre Epoux et chantent de tous deux cet oracle auquel ni l'homme ni le temps ne donneront jamais le démenti : Leur règne n'aura point de fin : c'est pour l'éternité (1) ! *Cujus regni non erit finis.*

Enfin, par sa chaire toujours appuyée sur la chaire des successeurs de Pierre, Notre-Dame est le symbole de l'unité de l'Eglise Catholique. J'ai visité dans de grandes cités, sur une terre qui n'est pas celle de la patrie, d'antiques et célèbres basiliques qui ont eu autrefois une chaire ou s'asseyait l'envoyé du successeur de Pierre, et qui à cette heure ne l'ont plus. Qu'y ai-je vu ? le temple et la religion en désaccord et protestant l'un contre l'autre. Une autre foi a élevé le temple; une autre foi est annoncée dans le temple. Le temple est vieux, il compte son âge par les siècles; la foi est jeune, elle date d'hier. Le temple garde le nom de la Mère ou des serviteurs du Christ, et la Mère et les serviteurs du Christ sont repoussés du temple comme des étrangers ou des profanes. Que dis-je ? le temple est au Christ, et le Christ vivant près de l'homme et avec l'homme, n'a point de place dans le temple. Ah ! la basilique accuse la religion ; elle n'en est pas le symbole, elle en est la contradiction vivante et le solennel anathème. Voilà ce qu'est le temple quand la hiérarchie s'est retirée du temple et avec elle l'unité. Grâces au ciel, il n'en est pas ainsi de Notre-Dame. L'envoyé du pontife romain y a sa chaire, sur laquelle il continue la succession de cent dix évêques et de seize archevêques ses prédécesseurs, tous envoyés comme lui. C'est par cette chaire que tous les temples de la capitale ont leur sacerdoce légitime; le siége épiscopal les unit tous entre eux en leur donnant le ministère et l'apostolat

(1) Symbole des Apôtres.

comme il a reçu l'un et l'autre de l'institution du pasteur suprême. Quel spectacle s'offre ici à nous! Elevez vos pensées, ô chrétiens; ne regardez plus cette enceinte où nous sommes, laquelle est si étroite jusqu'en son immensité. Par la pensée, embrassez l'espace d'un pôle à l'autre. Sur tous les points de l'Empire, sur tous les points de l'Europe, sur tous les continents et dans les îles les plus lointaines, voyez-vous ces milliers de basiliques dédiées à la Mère ou à l'un des serviteurs glorifiés du Christ? Toutes montrent, comme Notre-Dame la chaire d'un évêque, chef d'un sacerdoce, pasteur et docteur d'une Église. Notre-Dame est la sœur de toutes ces basiliques, aussi illustre à sa manière qu'aucune d'elles, plus illustre que plusieurs, mais leur sœur à toutes par la filiation d'un père commun. Dans toutes ces basiliques comme dans celle-ci, sur tous ces siéges comme sur celui-ci, il y a un homme sacré par l'onction des pontifes, qui se dit et qui est évêque par la grâce de Dieu et par l'autorité du siége apostolique. C'est cette autorité qui le fait pasteur; la gloire, l'élévation, l'antiquité du siége n'y peuvent rien. C'est par cette autorité qu'il dit à tous les évêques : Mes frères! et à un seul parmi tous et au-dessus de tous les évêques : Mon père! Par cette autorité qui redit éternellement la parole du Maître : *Sicut misit me Pater et ego mitto vos* (1), toutes les chaires ne font qu'une chaire, tous les troupeaux un seul troupeau, tous les pasteurs un seul pasteur dans la chaire du Prince des apôtres, dans le Pasteur suprême, dans l'Eglise universelle. Unité admirable de la hiérarchie, d'où résulte, l'unité de la foi, l'unité du gouvernement, l'unité de la prédication, l'unité des sacrements. N'est-ce pas ce que Notre-Dame nous atteste? Comme le siége de l'évêque a depuis quinze siècles la même autorité venue de la même source; cet autel a les mêmes mystères, cette chaire la même doctrine, ces tribunaux la même vertu et ainsi du reste. Il y a sept siècles que ces murs sont debout; la pierre de l'autel, le tabernacle fait de

(1) Comme mon père m'a envoyé je vous envoye. Joan. xv, 21.

main d'homme a changé ; n'est-ce pas toujours au tabernacle le même hôte ; à l'autel, la même victime, Jésus-Christ ? Cette Vierge, Mère de Dieu, dont le nom fait la première célébrité de cette basilique, trouvait-elle moins d'amour dévoué et de filiale confiance avant nous, entrait-elle avec moins d'éclat dans la religion, du passé qu'elle ne fait aujourd'hui chez nous, héritiers de la foi, de la piété, du cœur de nos pères ? Ce symbole qui ne s'est tu sous ces voutes qu'aux dernières années du siècle passé et aux premières années du siècle présent, ce symbole dans lequel nous confessons nos dogmes à la face de Dieu et des hommes, qu'a-t-il de plus ou qu'a-t-il de moins que celui que la foi mettait sur les lèvres de nos ancêtres les plus reculés ? Tout est donc demeuré un dans Notre-Dame ? Oui, malgré les siècles qui ont tout changé dans les mœurs, dans les doctrines, dans les institutions, tout est demeuré un dans le culte, un dans le symbole, un dans le ministère, un dans l'épiscopat, un dans la communion de tous, évêques, prêtres, fidèles avec le vicaire de celui qui lui-même est un avec son Père : *Sint unum sicut et nos unum sumus* (1). Pas une pierre de ces murs qui ne l'affirme, pas un des souvenirs éveillés par eux qui ne le proclame. Ces générations d'évêques qui dorment sous les dalles du sanctuaire secoueraient leur sommeil, de la nuit du sépulcre elles se lèveraient à cette heure et apparaîtraient au grand jour de cette solennité, elles ne se trouveraient point étrangères sous ces voutes rajeunies par l'art, elles reconnaîtraient leur chaire et leur autel ; elles diraient à celui qui leur succède sur leur siége : Vous êtes notre frère ! à celui qui remplit l'autel de sa majesté : Vous êtes notre Dieu ! Notre-Dame est tellement le témoignage vivant, sensible, palpable de l'unité catholique que sans cette unité elle n'a plus de sens propre, comme elle n'aurait plus rien de surnaturel et qui parlât à la religion publique. En ce moment, j'oublie ce que l'art exalté par la foi a mis en elle de beauté terrestre ; je ne veux voir, je ne vois que ce par quoi

(1) Joan, XVII, 22.

elle tient à l'Église universelle, l'unité. Par l'unité, elle a sa valeur religieuse; par l'unité, elle a sa signification divine, puisqu'elle se lie à la foi de la cité, de la nation, de toutes les cités et de toutes les nations catholiques; par l'unité, elle a son sacre dont celui qu'elle a reçu aujourd'hui des mains du pontife n'est que l'effet et la suite et par lequel elle est un lieu vraiment saint, cher à Dieu qui l'habite, cher aux âmes qui saluent en elle l'image de la patrie éternelle. Par l'unité en un mot, tous ses souvenirs s'élèvent, toutes ses gloires se transfigurent, toute sa beauté se divinise; car elle est belle de la beauté même de l'Église universelle dont elle reste une des plus radieuses images et des plus magnifiques expressions dans le monde. O Église de Notre-Dame! ô temple, à qui Dieu a donné cet insigne honneur de ne connaître pas d'interruption dans la chaîne de tes évêques! ô temple illustré par tant de grands pontifes, par tant de saint prêtres, de docteurs célèbres, d'orateurs sans rivaux! Daigne la main qui t'a protégé contre les révolutions et le temps fermer invinciblement tes portes à l'erreur et au schisme! O Eglise de Notre-Dame, qui as vu, il y a soixante ans, l'épiscopat nouveau du pays inaugurer dans ton enceinte les triomphes de la foi catholique; et les pères spirituels de la France renouer devant ton autel la chaîne pastorale dont nos évêques sont la continuation glorieuse! conserve toujours inviolable sur ta chaire cette succession de saint Denis qui, après quinze siècles, nous montre encore tout ce qui réjouit le ciel et ravit les hommes, la piété, la charité, le martyre, le dévouement, et sous nos yeux même, au moment où je parle, l'éminence du talent dans l'éminence de la dignité. Notre-Dame de Paris, garde toujours les fils que Dieu t'a donnés dans l'unité de la foi, de l'obéissance, de l'amour de l'Église, mère et maîtresse de toutes les Églises, et du successeur de Pierre, le vicaire de Jésus-Christ en ce monde! Tes enfants ne peuvent rien te souhaiter de plus pour mettre le dernier sceau à tes gloires.

Et vous, ô Vierge, patronne de la basilique et de la France! les siècles nous ont accoutumés, vous, ô Marie, à entendre nos vœux ; et nous, vos fils, à les voir exaucés dans ce sanctuaire. Quand nous serez-vous plus favorable qu'au jour où la foi publique vous célèbre vous-même dans cette basilique qui est à vous ? O Marie, nous vous recommandons les deux amours suprêmes de nos âmes, l'Église et la France. O Vierge, veillez toujours sur l'Église, depuis les plus humbles des fidèles jusqu'aux chefs du sanctuaire, jusqu'au Pontife suprême, Pontife grand par la plénitude de la puissance spirituelle, plus grand par la foi, par le caractère, par ses vertus qui ne sont égalées que par ses malheurs! O Vierge, veillez toujours sur la France ! Conservez-lui ce qu'elle a su garder et rendez-lui ce qu'elle a laissé perdre ; qu'elle reste toujours le sol fécond de toutes les gloires , qu'elle redevienne celui de la foi ; toujours la patrie des grands hommes, et de nouveau la patrie des saints ; assurée dès qu'elle sera chrétienne dans le dernier de ses fils, d'être la reine et la maîtresse du monde : O Vierge, exaucez cette prière que nous confions à votre cœur et prouvez une fois de plus, en nous exauçant, qu'on peut tout obtenir pour l'Église et la France quand on vous invoque aux autels de Notre-Dame de Paris.

Ainsi soit-il !

Paris. — Imprimerie de E. Donnaud, rue Cassette, 9.

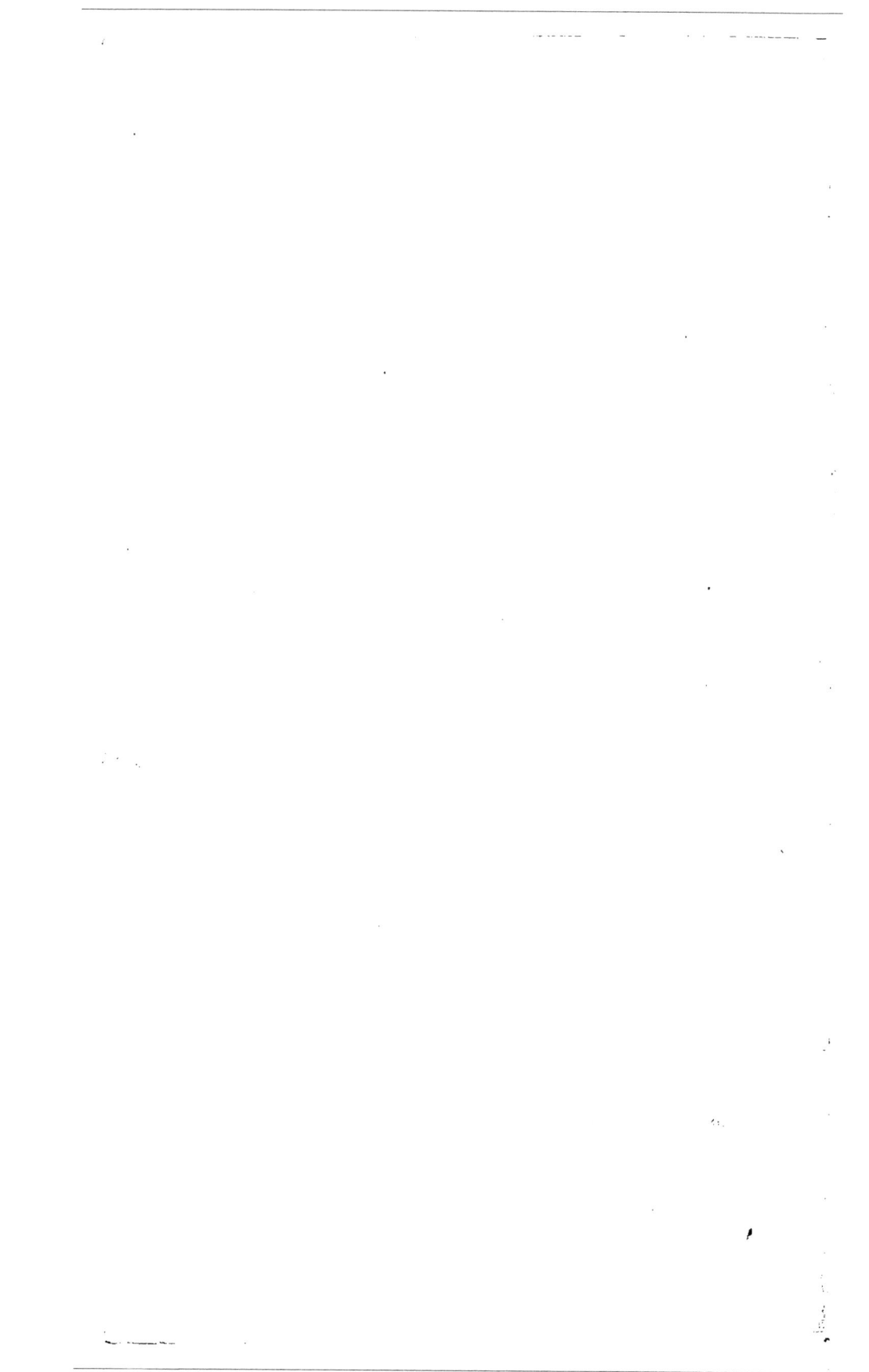